木工DIY玩具

恐龙拼图益智玩具

远古巨兽制作与拼接

〔美〕朱蒂·彼得森
〔美〕大卫·彼得森　著

张瑞华　译

U0293405

河南科学技术出版社
·郑州·

作者介绍

朱蒂·彼得森以前当过老师和图书管理员，后来发现自己更加适合木工工作。她多次获得设计奖，其拼图曾在美国艺术展览会上销售。她的丈夫大卫·彼得森负责公司的账务。他们一起创作了几本书，都可以从www.FoxChapelPublishing.com上查到。

前言

为什么选择恐龙？

我（本书指朱蒂·彼得森）发现自己在50岁的时候又喜欢上了恐龙。之前我设计了许多拼图，就决定再试试设计恐龙。本书介绍了63个作品，其中只有27种不同的恐龙（其中蛇颈龙、风神翼龙、鱼龙等不属于恐龙。为便于介绍，将书中的古生物统称"恐龙"）。这是因为我把比较有名的几种恐龙做了几个不同的版本，比如，书内有5个霸王龙模型（霸王龙玩具、幼年霸王龙简单拼图、霸王龙中级拼图、霸王龙高级拼图，以及出现在书中最大的拼图"白垩纪时代"中的一个霸王龙）。

对学前儿童来说，拼图的难度怎么确定？这个问题对以制作拼图谋生的人来说非常重要，对为孩子制作拼图的人来说也很重要。我的根本原则是"拼图的块数随着年龄增加"，这个原则根据孩子的具体情况而变化，孩子越灵巧、越有拼图经验，拼图就越复杂。

但是，如果你想设计一款孩子不用父母帮忙就能做好的拼图，那可以设计成"玩具"版本的拼图。这个玩具和拼图一模一样，只是不能分成多块罢了。

书中有许多不太有名的恐龙，这也是为什么我们要为书中的恐龙配上一些简单的说明。这也为要给孩子制作一个或者多个拼图的大人们提供了便利条件。如果孩子已经知道了大多数恐龙，那就更好了。

为什么选择拼图？

我太喜欢拼图了！我自己没有做拼图的时候，好像一直在玩别人做的拼图。

1989年我和家人逛了每年都要去的文艺复兴市集。我买了5个拼块的兔子拼图作为纪念品。它虽然很漂亮，但拼块无法咬合，所以根本就没办法玩。

我把钢丝锯第一次带回家的时候，锯的第一件东西就是3个拼块的兔子拼图。我自己开始设计拼图时，就决定制作出可以咬合的拼图。

书中的拼图正反映了我在1990年所做的决定：所有拼块都是相互咬合的。也就是说如果你的拼图作品能站稳，你可以随意拿着任何一块，作品也不会解体（拿慈母龙拼图时要小心）。

为什么选择硬木？

开始用钢丝锯时，我试着切割了几种不同的木材。我发现硬木不仅有更少的木屑，而且密度更加均匀。硬木的另一个优点是有不同的天然颜色，也就不用上色了。另外，硬木油面上光后更加漂亮。

当我想到销售拼图时，就试着把拼图漆上颜色，但很费工夫。另外，我也不擅长涂色，却擅长用锯子，所以我就锯出了眼睛、嘴巴和其他细节。

我也发现硬木更加耐用。硬木做的拼图和玩具可以有多种用法，不管是为小孩子还是为"大"孩子做拼图或者玩具，这一点都很重要。

朱蒂·彼得森

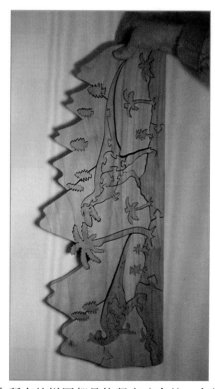

书中所有的拼图都是能紧密咬合的，拿起拼好的拼图时所有的拼块都是连在一起的。

目录

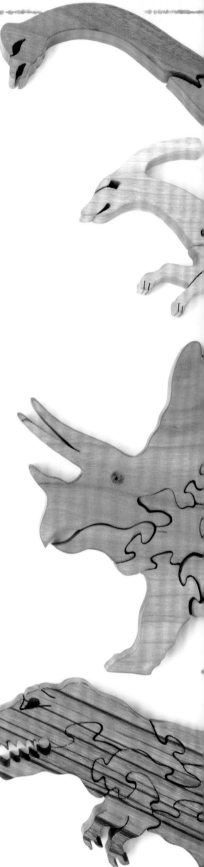

准备工作

安全第一

毫无疑问的是，切割木料会产生很多木屑，吸入木屑对身体有害。我的操作间有一台收尘器和一台空气净化器，收尘器可以吸走大的木屑和小颗粒，空气净化器安装在顶棚，可以除去很多收尘器遗漏的灰尘颗粒。但是，操作间内还是会有很多飘浮的灰尘。为了确保呼吸到干净的空气，我会戴防尘口罩，它可以起到过滤作用，也强烈建议大家这样做。

制作时拼图上留下的灰尘也是安全隐患。如果锯子配有较好的吹尘机，切割时会更方便也更安全。使用吹尘机除尘比用手抹掉灰尘更安全。

眼睛也必须得到保护。我戴了钛框镜架和加厚镜片的普通眼镜。打磨时会戴上侧护板。把这些半透明塑料工具安在镜架上，可防止飞起的灰尘从侧面伤害眼睛。不管使用哪种保护措施，必须使用侧护板。如果不用特制镜片，请戴上安全镜。

照明也很重要。请确保操作间的光线明亮。我的锯子上有两个带夹子的摇臂灯，如果锯子上没有支架，就可以夹在其他地方。如果两边都有光线，可以消除阴影和眼睛疲劳，人也可以工作更长时间。

我也会佩戴听力保护器。进行木工制作时，最好配置口罩、眼睛和听力保护装置以及收尘器。

许多涂料都含有害气体，包括我推荐使用的丹麦油。所以在通风良好的地方进行上光非常重要。同样重要的是，多余的油料要用纸巾擦干。油料完全干之前，不要放在封口的容器或垃圾袋内，否则可能会引起火灾。

木板选择

如果计划用一块木板制作一套拼图，只需选择长、宽合适的木板。但是如果计划用一块木板制作多个拼图，需要选择宽度足够的木板制作最大块的拼图。

书中推荐使用的是4/4硬木（4-4板）。如果木板来自原木，大小按1/4英寸（1英寸=2.54厘米）计算。通常情况下，此木板可以在木材场找到，4/4硬木大约是2厘米厚。

由于我设计的拼图都是可以站立的，木板越宽，拼图越平稳。我通常使用2.3厘米厚的木板，不建议使用厚度在1.9厘米以内的木板。

锯条选择

推荐使用7号锯条或7号交替齿锯条切割4/4硬木。锯口宽度合适才能更容易锯出拼块，也可帮助拼图更好地拼接在一起。用厚木板时要用9号锯条，木板厚度小于3/4英寸（1.9厘米）时要用5号锯条。

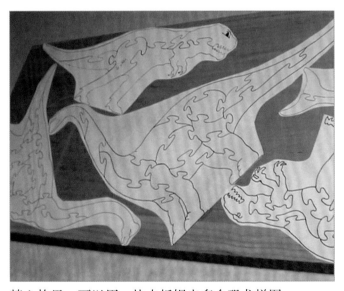

精心构思，可以用一块木板锯出多个恐龙拼图。

锯床调整

大多数钢丝锯都配有可以调整的锯床，可以从不同角度进行切割。锯子有时需要固定在一个角度，但切割时大多是与桌子垂直的。如果锯床倾斜，切割就会有倾斜角度，会影响拼图的拼接。

调整锯床最常用的办法是使用一个小的金属角尺或者直角工具。把角尺放在锯床上，安装并拧紧锯条。调整锯床与锯条，使其成90度。通过调整底部夹子上的螺钉，可以调整较小的角度。

检查方法也很常见。在3/4英寸（1.9厘米）厚的碎木板上切割一下，用正方形工具检查切割角度，然后调整锯床使其到垂直位置。

也可以利用切口来检查。取一块1¾英寸（4.4厘米）厚的碎木板，用锯子锯到1/2英寸（1.3厘米）厚时撤出锯子。把木板转到锯条的背面，如果锯条可以轻松进入切口，锯床与锯条就是垂直的；如果无法进入切口，就要调整锯床再次检查一遍，直到锯条可以轻松进入切口。

纸样设计

为了达到最好的效果，将纸样贴到木板上之前应该计划好如何设计。裁剪纸样，尾巴、鼻子和脚都要剪，可能会和其他纸样或者木板边缘离得很近。

不同的木板也有区别。有些木板会有波状纹理和颜色变化，请利用这些自然特征。有的木板也有瑕疵，应该仔细摆放纸样，避开缝隙和节点。

请使用喷雾黏合剂粘贴纸样。最好选择标有"可调整黏合剂"字样的黏合剂。把黏合剂喷到纸样背面而不是木板上。

塑料胶带的使用

许多硬木密度很大或者有树脂，如果锯条长时间在一个位置工作可能会引起燃烧。如果使用浅色的硬木，应把纸样粘到木板上，再粘上5.1厘米宽的胶带，任何品牌都可以，但是不要购买有聚酯薄膜的胶带。

使用塑料胶带的原因如下：锯条产生的热量会熔化掉一些塑料，液体塑料会起到润滑锯条的作用，除了避免燃烧，锯条用起来更顺滑。

切割樱桃木、枫木和桦木板，以及进口浅色木板时，我建议使用透明包装胶带。如果胡桃木的厚度大于15/16英寸（2.4厘米），也要使用胶带。我切割时都会使用胶带，包括切割山杨木时。

按照线条切割

按照线条切割在制作拼图外沿和突出恐龙脸部特征时非常重要，制作内沿时也一样重要。

切割拼图外沿时如果摇晃了，可以重新切割，也可以继续切割。切割细节时发生偏移了就要停止，检查切割的位置看是否可以补救，如果可以就尽量补救，如果不行就要扔掉拼图重新切割。

切割拼图内沿和咬合部位时不需要太精确，重要的是咬合榫的形状。为了保证咬合榫可以留在榫槽里，榫头要比榫颈大。

切割榫颈时也必须保持平稳。大块拼图可以稍有失误，拼块越小，必须越精确。

好的和差的榫头设计

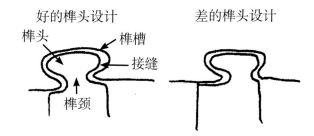

榫头（可以把拼图连接起来的小木把）可以有多种形状。

切割大块拼图

大的拼图切割起来也不一定很难。制作第84页的白垩纪时代拼图时，沿着苏铁树从中间切开，接着沿着霸王龙的背部切割，再切苏铁树，之后沿着赖氏龙的背部切割。这样就可以切出方便操作的拼块和高高的苏铁树了。

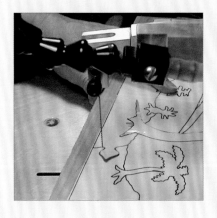

磨光

由于拼图需要，磨光我会做很多遍，磨光后拼图手感会更好。在木制拼图艺术展台上，光滑意味着好的销售。为了最好的效果，拼图的所有表面都要磨光。另外，为了避免人们玩拼图时受伤，拼图的尖角都要磨圆。

我使用的是滚筒砂光机和带有磨光配件的电钻。如果没有滚筒砂光机，也不用去外面购买，只需要先制作书中的拼图。我用的是下图的设备，在电钻上装上盘式摩擦片可以完成全部的平面磨光。

将盘式摩擦片装在带有可变速锁的电钻上，可以很好地进行平面磨光。

上光

油面上光的硬木拼图看起来更加漂亮。此外，丹麦油有三个重要的优点：第一，丹麦油被木头吸收后，不会影响拼块的拼接；第二，丹麦油30天内会完成聚合，这可以使拼图变硬，起到防水作用（基本上拼图沾水后不会有波浪纹）；第三，丹麦油干后不会散发有毒气体，这个特点对孩子来说特别重要。

丹麦油颜色清亮，因为我想让硬木的自然色更加明亮而不是模糊发暗，所以使用丹麦油。

我不建议用刷子来刷丹麦油，因为渣块可能会影响拼块拼接。多次试验后，我发现把拼图浸入丹麦油内效果最好。将丹麦油倒进一个袋子里，把拼块放进去，取出后把拼块立在一个纸巾覆盖的不吸油的平面上。

如果需要，我会用纸巾把多余的丹麦油擦掉。拼块的切面越多，越需要小心。每个拼块都擦干后，再晾一夜就可以拼装了。

如果为拼图染色，先封住木头，然后用丙烯颜料染色。不要在拼图内沿上色。

滚筒砂光机

使用滚筒砂光机估计可以节约75%的时间。但是，代价是制作的拼图有时会发出嘎吱声。我一直在记录哪种拼图会有这样的问题，制作时不使用滚筒砂光机。书中的拼图都可以使用滚筒砂光机磨光，除了以下几种——异龙、冰脊龙、伶盗龙、棘龙和安祖龙，这些拼图我会留下腿和（或者）羽毛，再磨光整块拼图。至于腕龙和重龙这两种恐龙，我会各自分成两半，一半包括头、脖子和前腿，另一半是剩下的部分，两半分开磨光。

1. 用一根64号橡皮筋完全缠住拼图外部。
2. 根据拼图厚度分组。
3. 从最厚的那组开始，把拼图按照纹理放到传送带上。
4. 在两边确保通过第一组，用一个或者多个推杆支撑每个拼块。
5. 下一组通过时要调整砂光机的高度。

作品分类

对手工制作者和买家来说，制作书中的作品都需要多种技巧。

玩具

这些是为家长和制作者设计的单片拼图，他们有的担心拼图的拼块太多，或者有的孩子喜欢恐龙拼图但是拼起来却很难。

简单拼图

线性拼图，也就是所有拼块可以沿着线条拼接。每个榫头都是特定的几何图形，孩子拼起来更容易。三个幼年恐龙拼图的造型更像动物布娃娃，像星期六早上动画片里的动物那样。它们的造型不真实，但是两三岁的孩子很喜欢。这是孩子的初级拼图，初级制作者更适合用这些拼图来练习。真正的拼图除了造型更真实，其实与幼年恐龙拼图差不多一样。

中级拼图

与线性拼图不同，中级拼图中有的拼块要与多个拼块拼接，拼起来也更难。孩子需要注意到所有的接口，要把它们连起来，确保所有的榫头拼到合适的榫槽里。书中的三个中级拼图适合四五岁的孩子。所有拼块都比较大，不容易丢失，也不容易损坏。

高级拼图

这些拼图的切割和拼接比较有难度。高级拼图大多有容易吞食的小拼块，禁止给 3 岁以下的幼儿玩耍，要放到安全的地方。

情景拼图

这些情景拼图包括几个恐龙和一些背景，拼起来也更难，制作时需要更精细复杂的切割操作和一些特殊的切割技术。

制作恐龙的细节部位

眼睛

几乎所有的拼图都代表着一些真实的或想象的生命形态。所以，所有恐龙都有面部，我用电锯或电钻设计了多种眼睛形状。

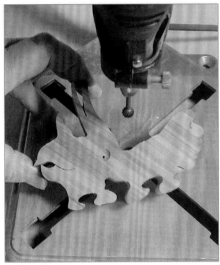

钻眼睛：切割作品前，在眼睛中心用电钻钻出一个孔。取下作品后，要把眼窝做出来。把0.6厘米的圆头锉装在旋转动力工具上，放好头部的拼块以保证钻孔在眼睛中心，然后钻出眼窝。我使用的是泪珠形圆头锉，根据孔的深度可以制作出不同大小的眼睛。

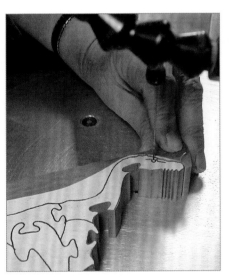
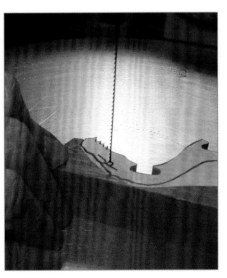

切割眼睛：按照线条用钢丝锯切割。如果眼睛只是一个孔——圆形、正方形、菱形（非正方形）或半圆形——只需用钢丝锯切割。有些恐龙需要切割眉毛，切割时要先切出眼孔，再切出眉毛。

爪子和牙齿

爪子和牙齿的尺寸都是加大的。爪子需要有足够的厚度以便打磨和拼接。伶盗龙的爪子包括腿最易碎，所以我用它的图片来解释。

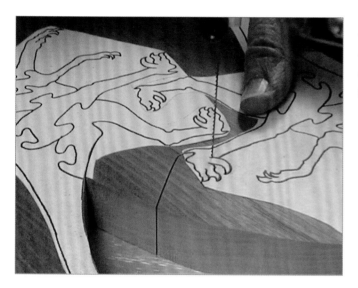

爪子：我基本上是从后爪开始切割的，然后切割前爪，接着往上切割咽喉和牙齿，同时还切割下颚和腿。这些是最易碎的部分。然后，切割脸部以及眼睛细节直至结束。

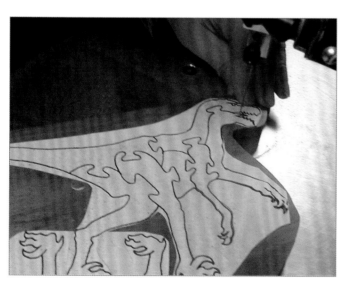
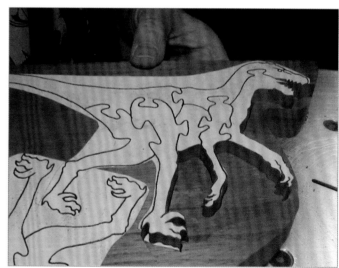

牙齿：可以从下颚的前面开始切割，切到第一颗牙齿的尖端时，旋转往下再往上切割下一颗牙齿的尖端。说起来容易做起来难，这需要练习。切割的诀窍就是在旋转的时候要停止往前推。

制作三角龙拼图

我用赤桉木板做三角龙拼图。选好所用的木板后，裁剪纸样，然后用喷雾黏合剂粘到木板上。如果使用其他硬木，比如樱桃木、枫木和桦木，用5.1厘米宽的透明胶带（没有聚酯薄膜）把纸样粘到木板上，胶带可以起到润滑刀片的作用，最大限度地阻止刀片发热。

材料和工具

- 赤桉木板
- 喷雾黏合剂
- 塑料袋：约4.6升容量，可再密封
- 丹麦油
- 纸巾
- 橡胶手套
- 背部可粘的砂纸盘：粒度（指每平方英寸的磨料数量）为220
- 胶带：5.1厘米宽的透明胶带

- 钢丝锯
- 锯条：5号、7号、9号（平面或交替齿）
- 吹尘机
- 角尺
- 盘式摩擦片
- 电钻
- 钻台
- 翼片砂光机
- 浅平托盘
- 胶盒
- 金属托盘
- 橡胶指尖套

三角龙纸样

三角龙：切割拼块

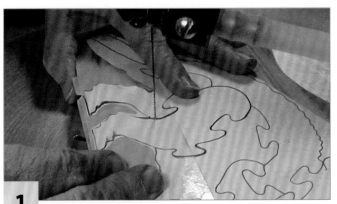

1 **切割拼图轮廓。** 按照标记在眼睛处钻孔。切割尾尖，然后切割尾巴下面和两条后腿。完整切割前面的后腿，从空余的地方取下来，然后揭掉纸样。

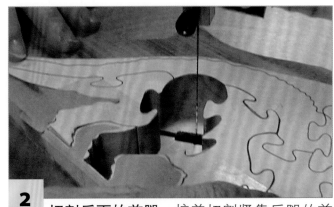

2 **切割后面的前腿。** 接着切割紧靠后腿的前腿，从空余的地方取下来。

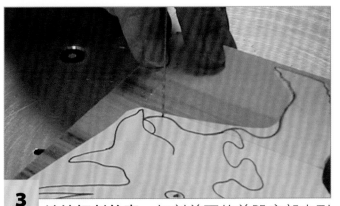

3 **继续切割轮廓。** 切割前面的前腿底部直到嘴部前端。

4 **切割嘴部。** 轻轻拉回锯条，将锯齿向右转入废料。切到嘴的底部和顶部相触的点，停止切割并取走废料。切割嘴的顶部线，然后将锯条从刚制作的切口中取出。重新定位锯条并切割嘴的底部线。停止切割并从嘴内取出废料。

三角龙：切割拼块

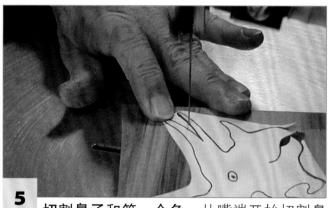

5 切割鼻子和第一个角。从嘴端开始切割鼻角，然后往上至第一个前额角。在这个地方切到V形的底部，不用为了切出完美的V形而翻转拼块，在角的一半位置拉出锯条。然后，将拼块旋转180度，使锯齿朝着废料，让锯条回到V形的底部。

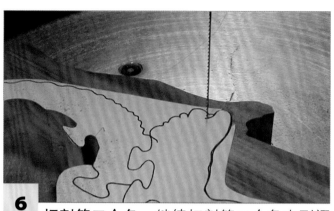

6 切割第二个角。继续切割第二个角直到褶边上面图中的位置停止。

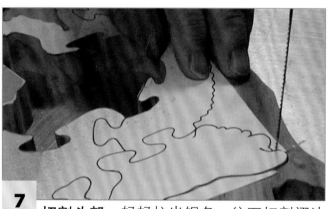

7 切割头部。轻轻拉出锯条，往下切割褶边制作细节。锯出头部时停止，然后取下拼块。

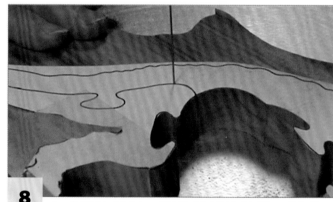

8 完成拼块切割。锯出前面的前腿。锯后面的后腿，从脊骨处分开。最后切割脊骨拼块，剩余的木料应该很多，所以可以安全地用手拿着操作。

提示 👣

取下每个拼块后要与前面的拼块拼接一下，可以帮助调整锯条使其垂直于锯床，保证拼块可以正确拼接。

三角龙：完成拼图

9 **磨光拼图表面。** 把盘式摩擦片装在电钻上，安上粒度为220的背部可粘的砂纸盘，紧握拼块，轻轻打磨上、下表面。磨光后，检查切割面是否有毛边。把外部切割面打磨平滑，内部切割面只需要磨掉木屑和毛刺。

10 **磨圆拼块。** 用翼片砂光机轻轻磨圆拼图边角。平稳地移动拼块，不要一直拿着拼块的一个地方不动。

11 **给拼图上光。** 把丹麦油倒入可再密封塑料袋内，将拼块短暂地放进袋子里然后取出，立在铺有纸巾的盘子上。用纸巾擦掉多余的油料。拼块经过12~24小时变干后再组装拼图。

提示 ←←

请确保盘子不会吸收多余的油料。我使用的是在本地餐厅供应商店里买的餐盘。

拼图

简单拼图

注：本书的纸样图可能与作品图稍有差别，属正常情况，不影响制作。

幼年霸王龙

霸王龙（霸王蜥蜴），白垩纪晚期最恐怖的恐龙之一。奇怪的是，它也是孩子最喜欢的恐龙。请注意两个特殊几何形状的榫头。（胡桃木制）

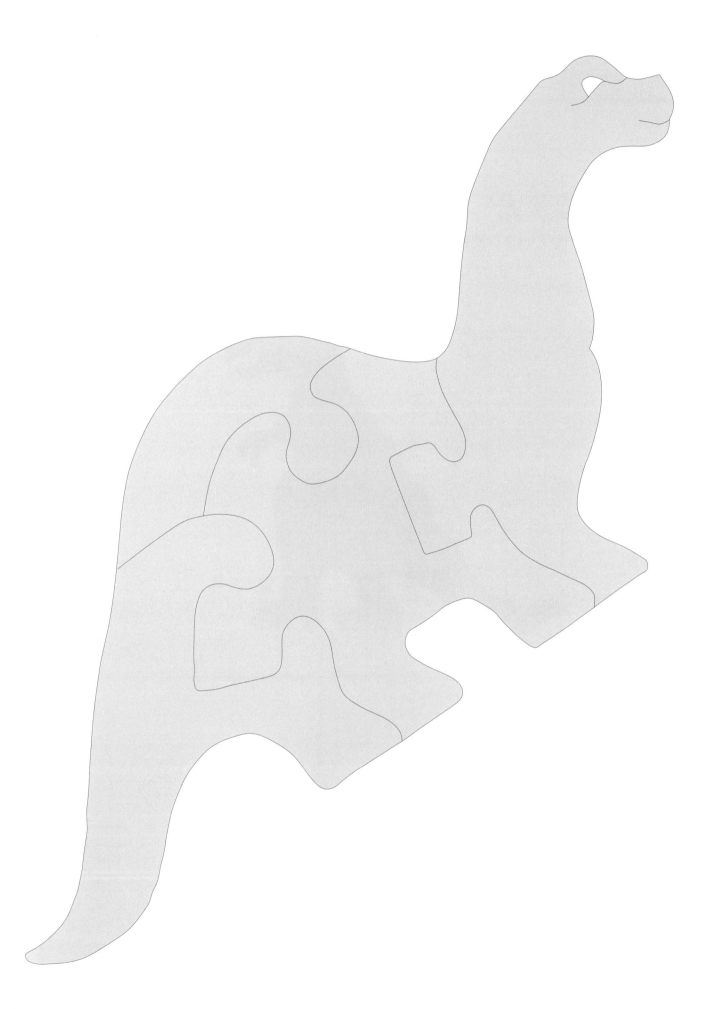

幼年雷龙

雷龙（雷电蜥蜴），又名迷惑龙（迷惑蜥蜴）。与第33页中级版本相比，可以看出此款拼图针对孩子进行了修改。（灰胡桃木制）

幼年剑龙

　　圆骨板、短尾刺和特殊几何形状的榫头，为小恐龙迷们打造出了幼年剑龙（有骨板的蜥蜴）的可爱造型。可参看第29页中级版本和第71页高级版本的真正的剑龙拼图。（檫木制）

蛇颈龙

蛇颈龙是侏罗纪至白垩纪时期的爬行动物。它以鱼为食，体长可达18米，世界各地都发现了它的化石。（樱桃木制）

鼠龙

鼠龙（老鼠蜥蜴）是三叠纪晚期（或侏罗纪早期）的一种草食性原蜥脚类恐龙，它是在成年恐龙骨骼发现之前命名的。成年鼠龙体长可达3米，重约70千克，体型并不是老鼠大小。（肯塔基咖啡木制）

剑龙

剑龙生存于侏罗纪至白垩纪时期的欧洲和北美洲等地，草食性恐龙，体长可达7.6米，高约3.4米。（胡桃木制）

霸王龙

霸王龙需做简单介绍。它是肉食性兽脚亚目恐龙，生存于白垩纪晚期，化石发现于北美洲。直立时体高大约有5.5米，体长约15米。（皂荚木制）

雷龙

雷龙是侏罗纪时期的草食性蜥脚类恐龙，化石发现于北美洲，体长大约23米。（赤桉木制）

高级拼图

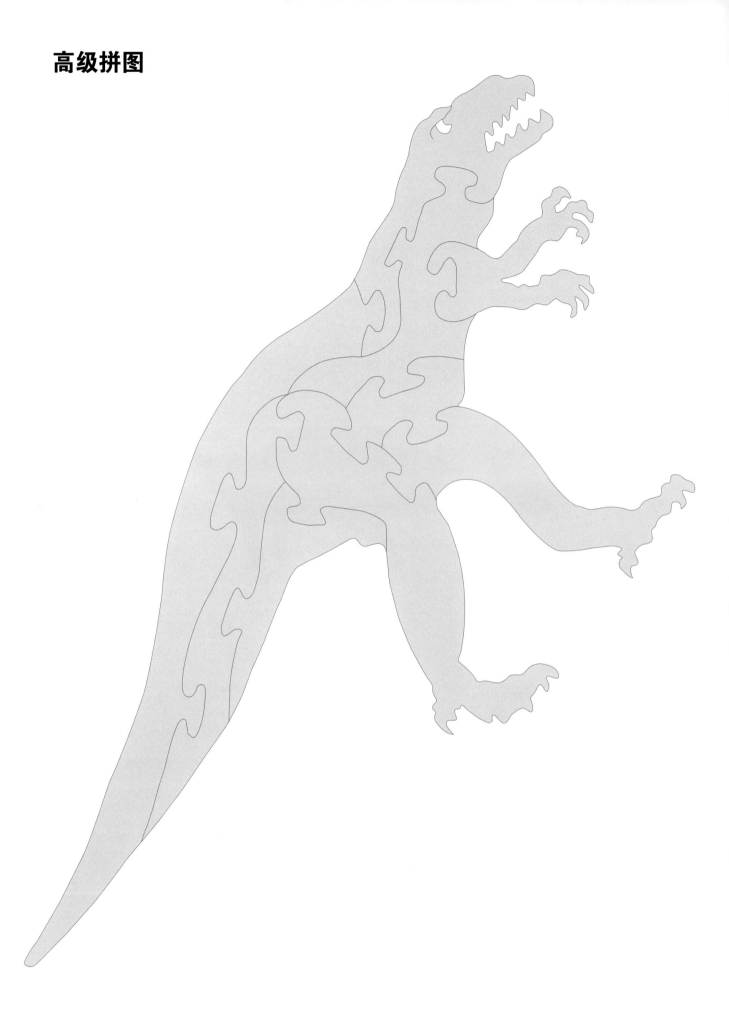

异龙

异龙（异种蜥蜴）是侏罗纪时期的一种兽脚亚目恐龙，体长10~14米，重约4吨。（胡桃木制）

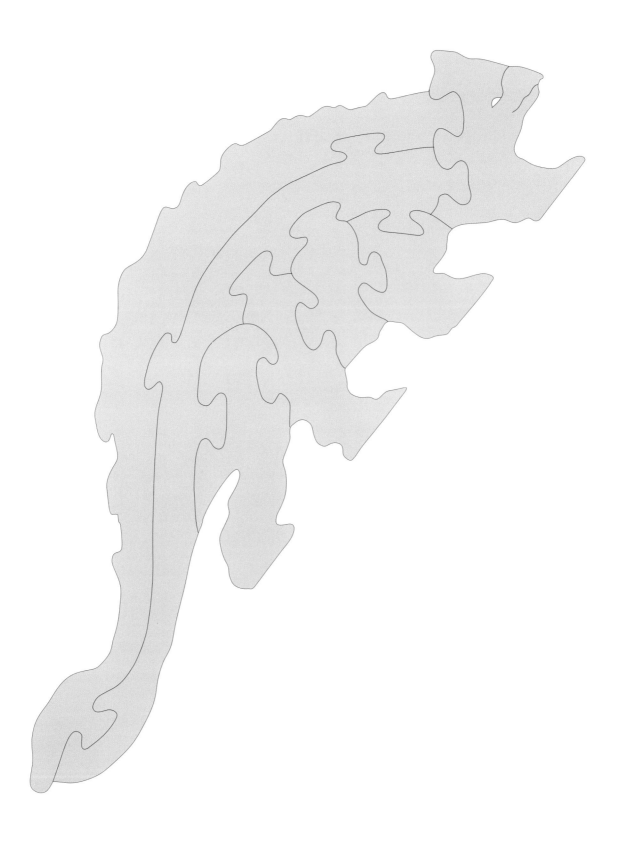

甲龙

甲龙（装甲蜥蜴）生存于白垩纪时期，草食性恐龙，体长约7.6米，宽1.8米，高1.2米。（豆科灌木制）

安祖龙

　　安祖龙的名字来自古代美索不达米亚神话中长着羽毛的恶魔。安祖龙身上长有羽毛，体重约230千克，生活于白垩纪晚期。其化石发现于美国北达科他州和南达科他州的地狱溪组，因此它有"来自地狱的鸡"（The Chicken from Hell）的绰号。

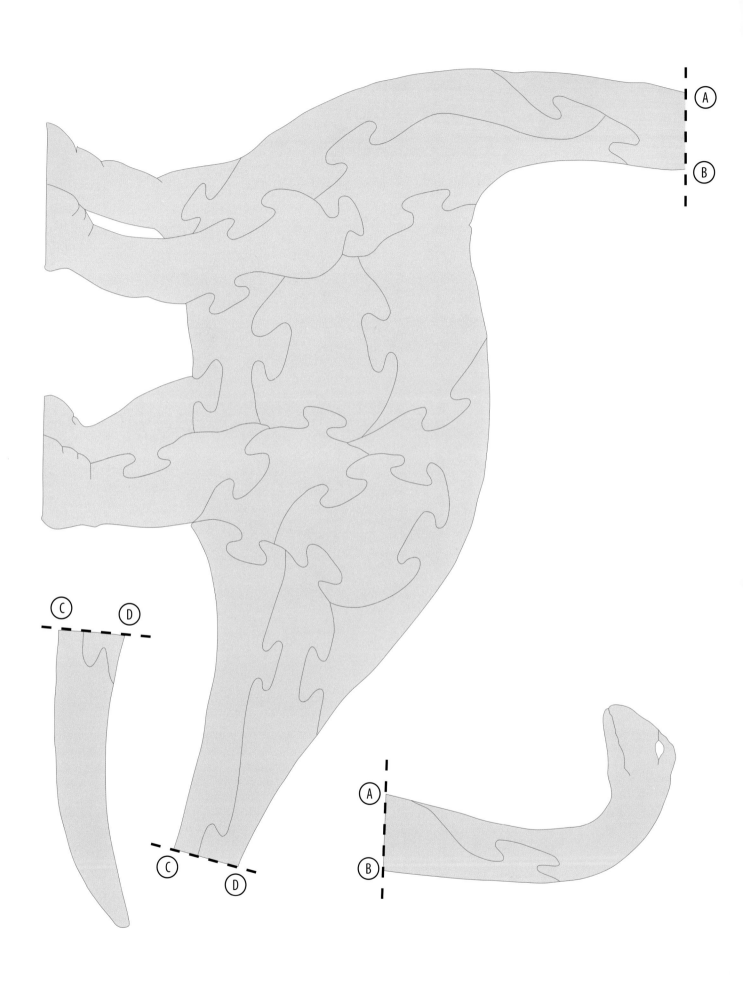

重龙

重龙（重型蜥蜴）是最长的蜥脚类恐龙之一，体长约27米。该草食性恐龙生存于侏罗纪时期的北美洲和非洲。（胡桃木制）

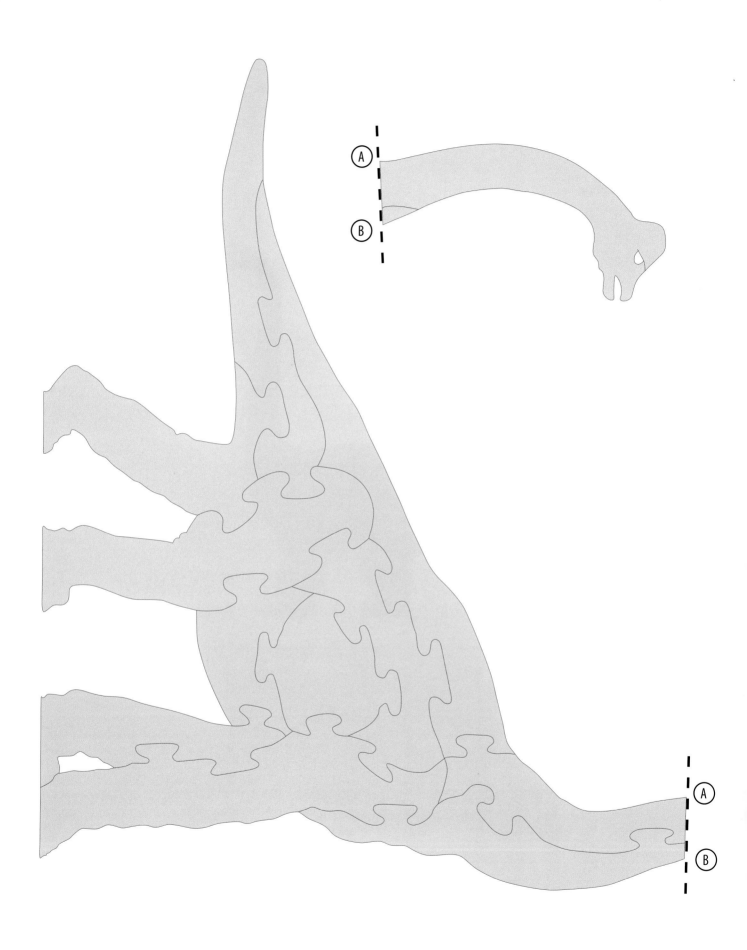

腕龙

　　腕龙（手臂蜥蜴）直立时比四层楼高。它是侏罗纪时期的草食性蜥脚类恐龙，化石发现于北美洲、欧洲和非洲。它体长约26米，高约12米，重70~80吨。（樱桃木制）

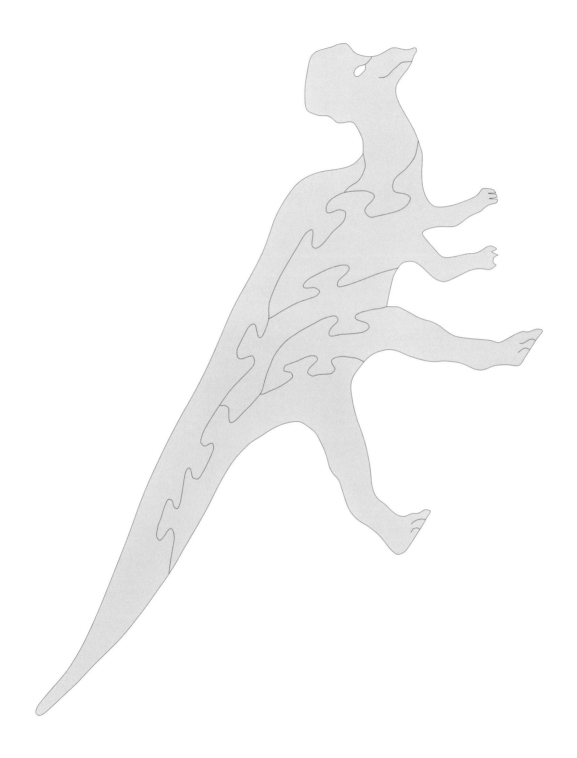

冠龙

冠龙（头盔蜥蜴）是白垩纪时期的鸭嘴龙，草食性恐龙，化石发现于北美洲，长约9米。（美国梧桐木制）

冰脊龙

冰脊龙（冻角蜥蜴）的化石发现于南极洲。它是肉食性恐龙，体长约7米，生存于侏罗纪早期。（细纹木制）

薄板龙

薄板龙（薄板蜥蜴）以鱼为食，生存于白垩纪时期，海生爬行动物，化石发现于北美洲，体长约13米。（橡木制）

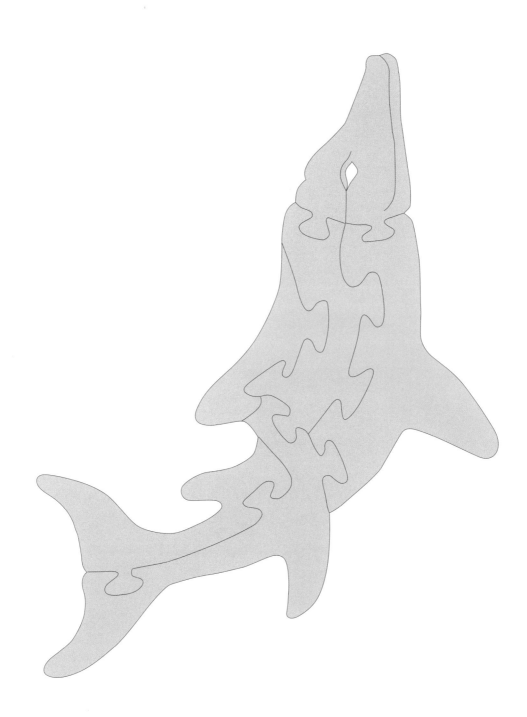

鱼龙

鱼龙（鱼蜥蜴），海生爬行动物，生存于三叠纪、侏罗纪和白垩纪时期，化石发现于北美洲、南美洲和欧洲。（橡木制）

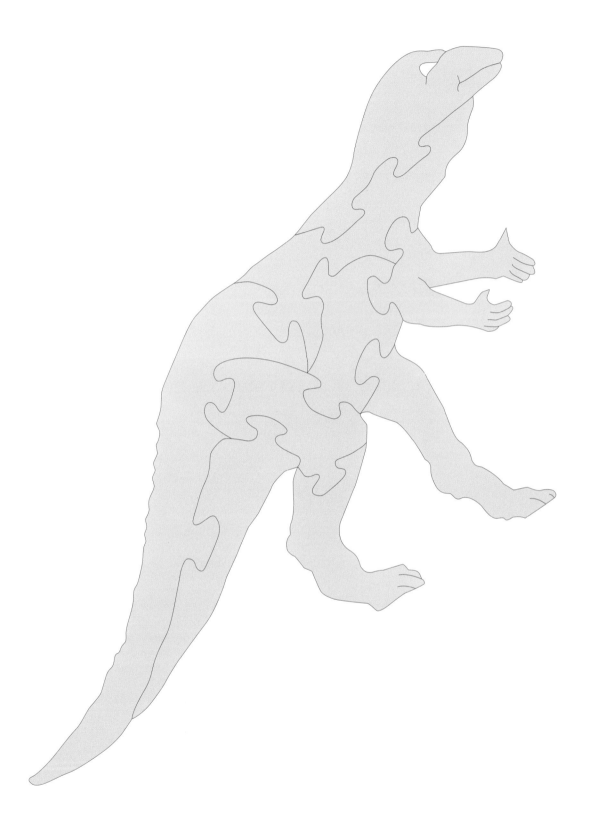

禽龙

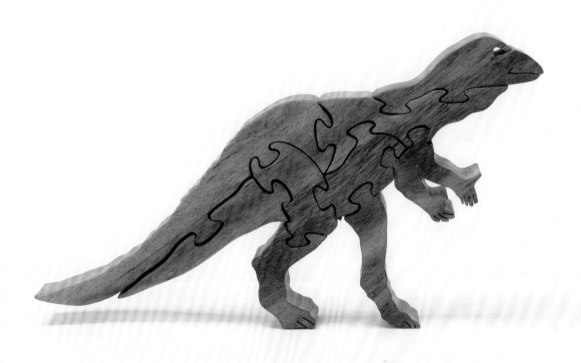

禽龙（鬣蜥的牙齿）化石最早在1822年发现于英国的苏塞克斯。它生存于白垩纪时期。（细纹木制）

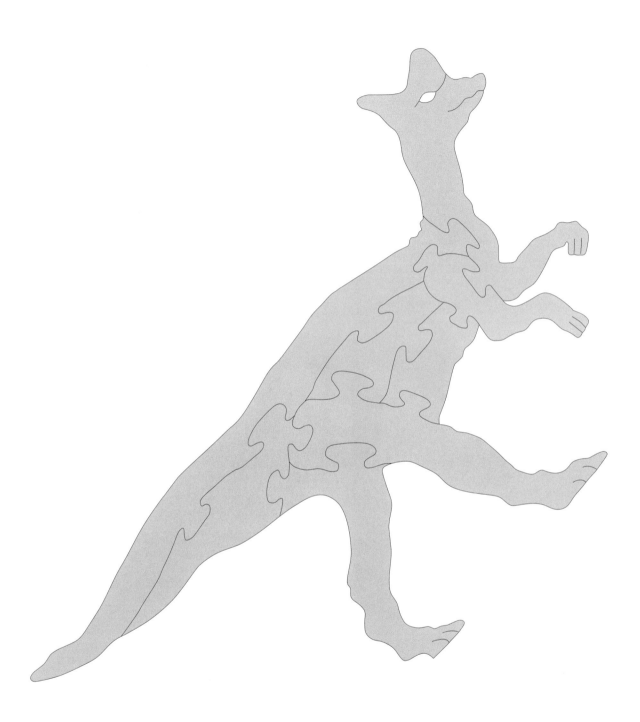

赖氏龙

赖氏龙（赖博蜥蜴），一种冠饰鸭嘴龙，生存于白垩纪晚期，化石最早发现于加拿大。（美国梧桐木制）

微角龙

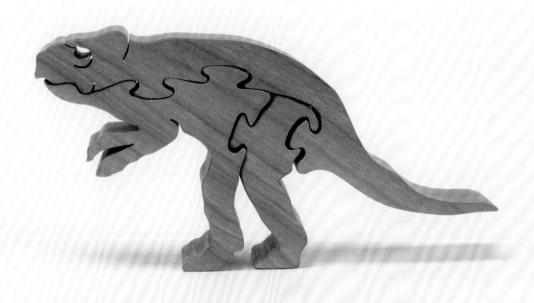

　　微角龙，又名小角龙，微角龙属，白垩纪时期的草食性角龙类恐龙，化石发现于亚洲，体长仅有76厘米。（樱桃木制）

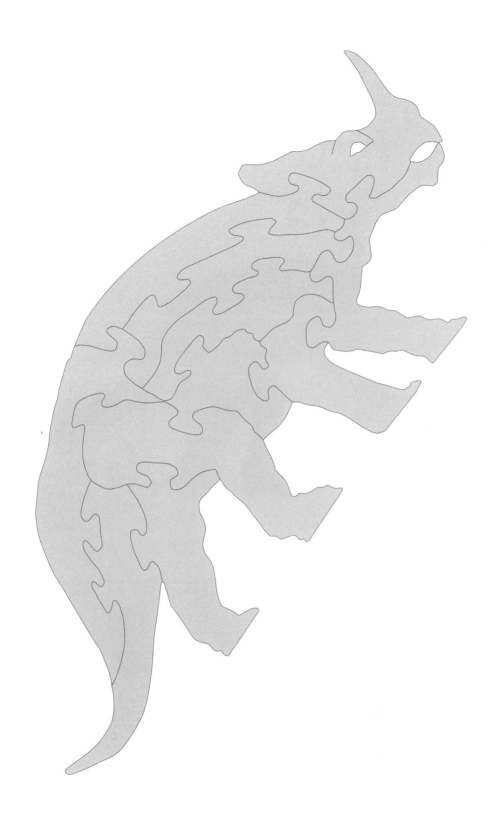

独角龙

独角龙（单角龙）生存于白垩纪时期的北美洲，草食性角龙类恐龙，体长约6米，其化石是最早发现的角龙类化石之一。（胡桃木制）

副栉龙

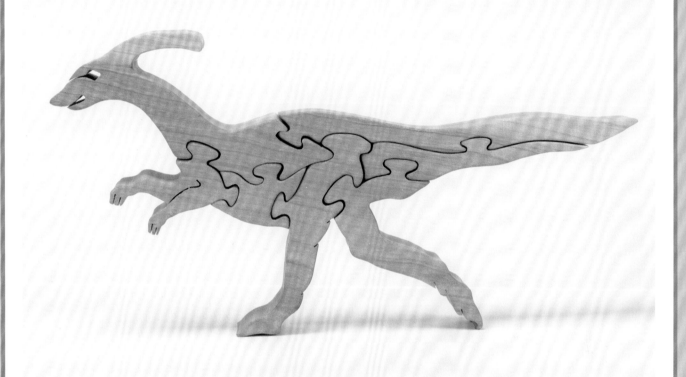

　　副栉龙（类似于冠蜥蜴）是一种鸭嘴龙，生存于白垩纪时期的北美洲。副栉龙是草食性恐龙，体长约9米，高约5米，冠饰约1.5米长。（樱桃木制）

原角龙

原角龙（第一个有角的脸）是早期冠饰角龙类恐龙，草食性恐龙，生存于白垩纪时期的亚洲。（胡桃木制）

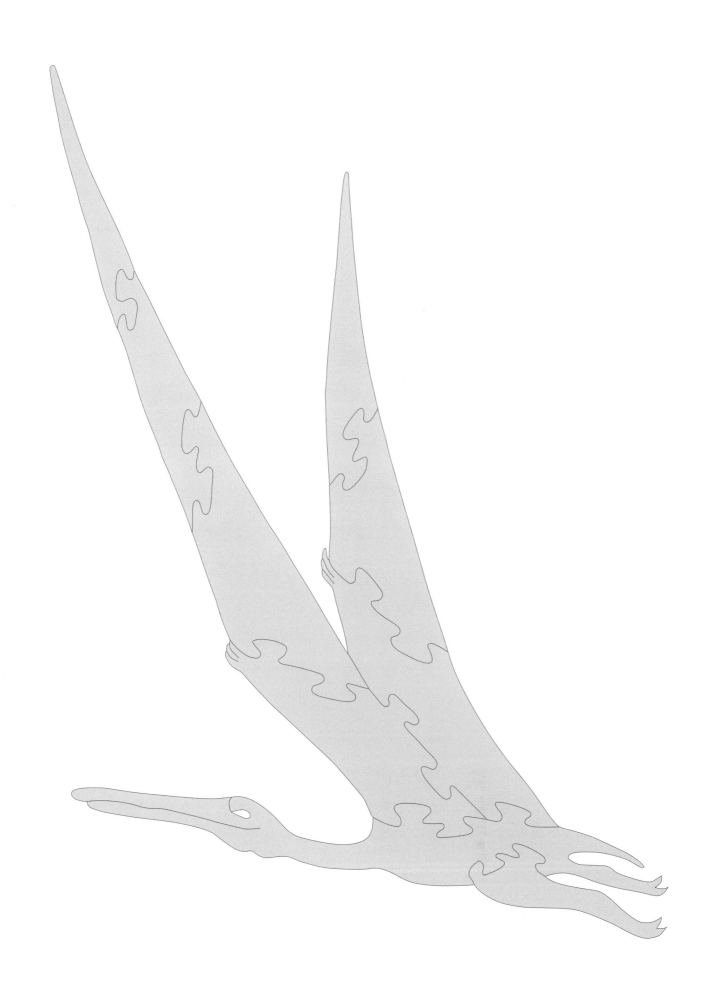

风神翼龙

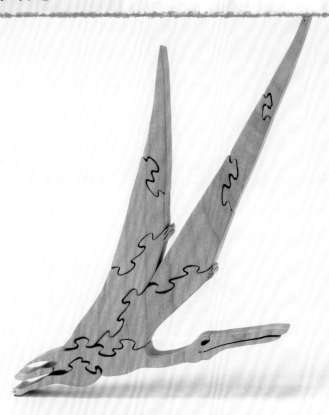

　　风神翼龙，名称来源于阿兹特克文明里的羽蛇神魁札尔科亚特尔（Quetzalcoatl）。1971年，其化石发现于美国的得克萨斯州。它生存于白垩纪晚期，是人类已知最大的飞行动物，翼展达11米长。（樱桃木制）

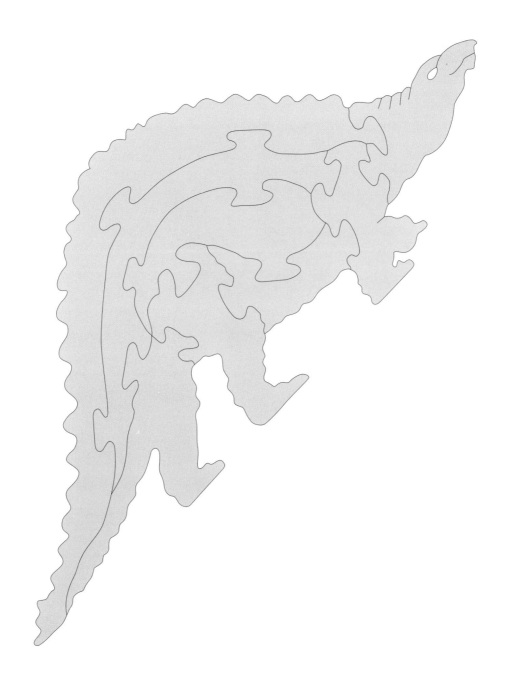

腿龙

腿龙（腿蜥蜴）是侏罗纪时期的甲龙科恐龙，草食性恐龙，化石发现于英国，体长约3.7米。（香枫木制）

棘龙

棘龙（有棘的蜥蜴），最大的肉食性恐龙之一，以鱼和其他动物为食。化石最初在1912年出土于埃及，其背部有明显的长棘，是由皮肤下脊椎骨的神经棘延长而成的。（樱桃木制）

剑龙

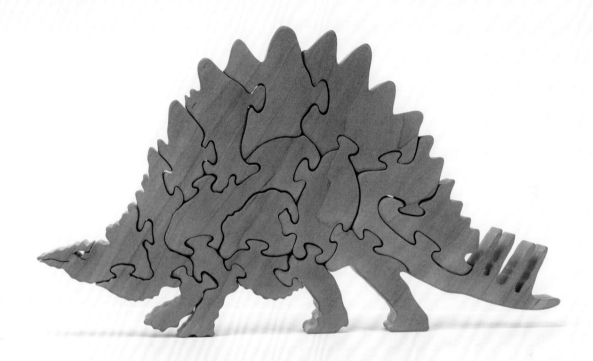

　　该作品是高级版本的剑龙，与中级版本的轮廓一样，但有更多的拼块和榫头。（樱桃木制）

镰刀龙

镰刀龙（镰刀蜥蜴），以其将近1米长的爪命名，爪可用来抓取枝叶。（豆科灌木制）

三角龙

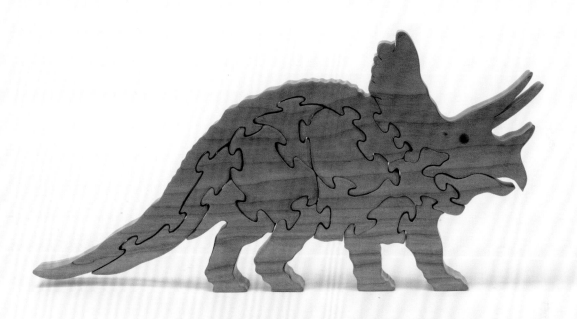

　　三角龙（三个角的脸），白垩纪时期的角龙类草食性恐龙，化石发现于北美洲，体长可达7米多，高近3米。（樱桃木制）

霸王龙

这是高级版本的霸王龙，可用这个版本检验自己的制作技巧。其轮廓与中级版本的霸王龙一样，但有更多的拼块。（斑木制）

伶盗龙

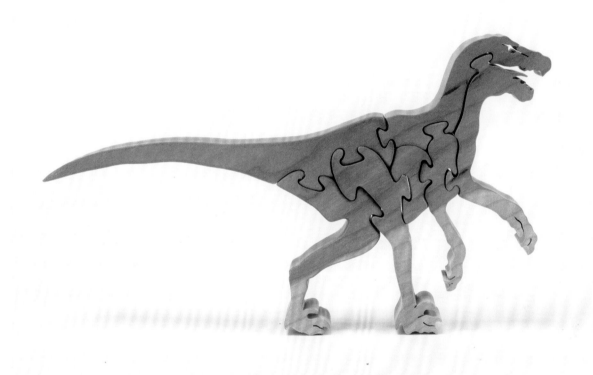

伶盗龙（敏捷的盗贼），小型敏捷恐龙。该兽脚亚目肉食性恐龙生活于白垩纪时期，长约2米，常常成群活动。（樱桃木制）

慈母龙

该拼图是根据美国蒙大拿州的挖掘现场设计的，现场有几具慈母龙遗体，包括慈母龙宝宝，巢穴大约有2米宽。慈母龙的学名意为"好妈妈蜥蜴"。成年慈母龙为草食性恐龙，体长可达9米。（樱桃木制）

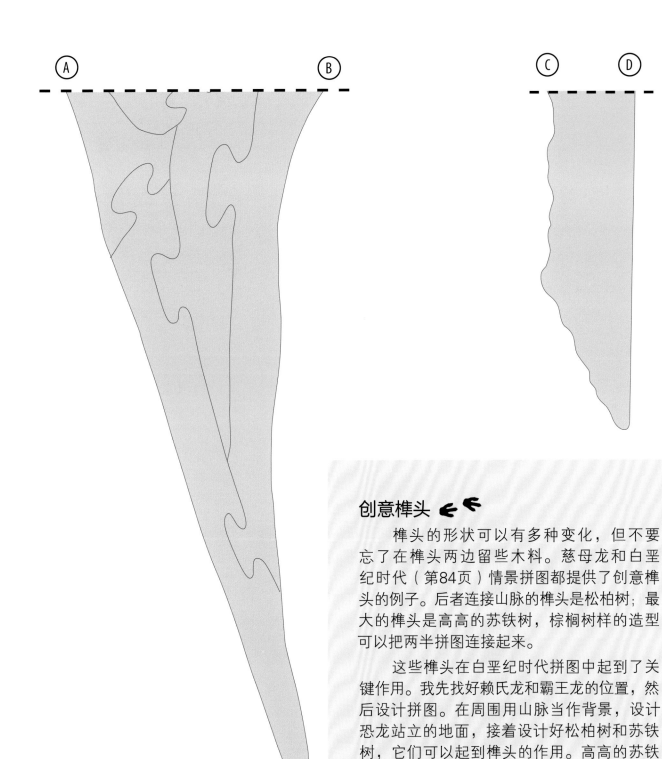

创意榫头 <small>🐾🐾</small>

榫头的形状可以有多种变化，但不要忘了在榫头两边留些木料。慈母龙和白垩纪时代（第84页）情景拼图都提供了创意榫头的例子。后者连接山脉的榫头是松柏树；最大的榫头是高高的苏铁树，棕榈树样的造型可以把两半拼图连接起来。

这些榫头在白垩纪时代拼图中起到了关键作用。我先找好赖氏龙和霸王龙的位置，然后设计拼图。在周围用山脉当作背景，设计恐龙站立的地面，接着设计好松柏树和苏铁树，它们可以起到榫头的作用。高高的苏铁树在拼图中间位置，加上树根、树叶就设计为榫头了。

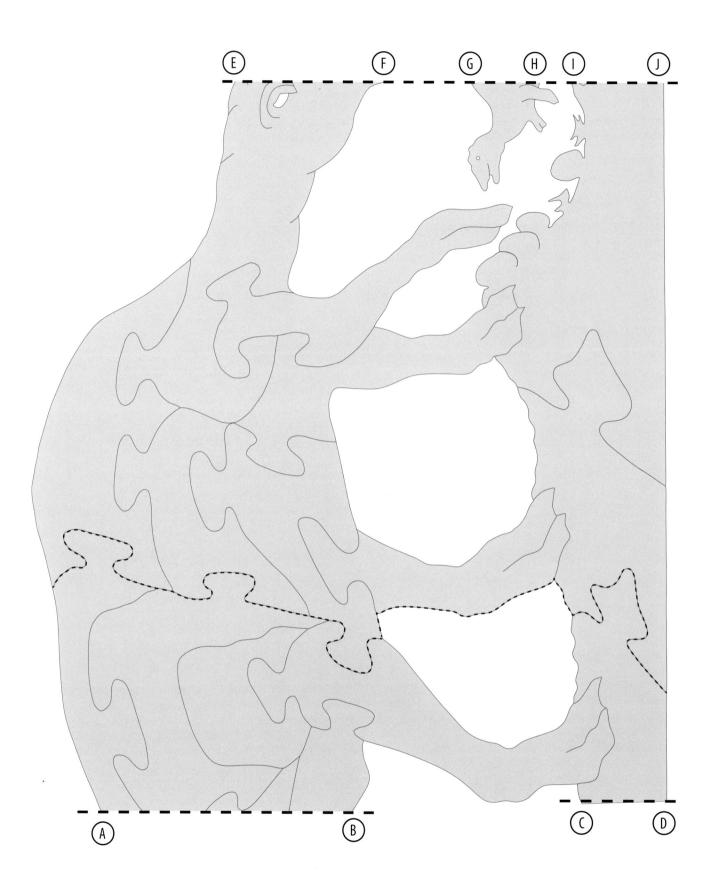

慈母龙宝宝制作

钻出小孔作为慈母龙宝宝的眼睛。出于拼图长度考虑，把拼图从中间切开（沿着第82页的虚线），然后制作3个慈母龙宝宝。按照下面的步骤可以把一个慈母龙宝宝切成两个：慈母龙宝宝背部朝下，从头部开始切成两半。由于慈母龙宝宝无法平躺在锯床上，切割时需要保持平衡。切割后腿时，要使头部朝上、尾巴朝下。直到切割完成，尾部要一直放在锯床上。

白垩纪时代

　　白垩纪时代拼图展示的是一只霸王龙袭击猎物草食性赖氏龙的画面。除了与现在一样的松柏树外，其他的植物都是苏铁树。这些生物生存于1亿年到6500万年以前的时期。（樱桃木制）

背板和拼图架

如有需要，可为拼图增加一个背板。如果制作背板，可在波罗的海桦木板或者薄夹板上描出拼图，然后切割。如果制作拼图架，可参照第86页下图，利用剩余的拼图木料来制作。拼图架外部可以是任何形状，底部厚度必须为1.3厘米。其内部宽度应为拼图板厚度和背板厚度之和，还应留有一根发丝的宽度作为间隙。

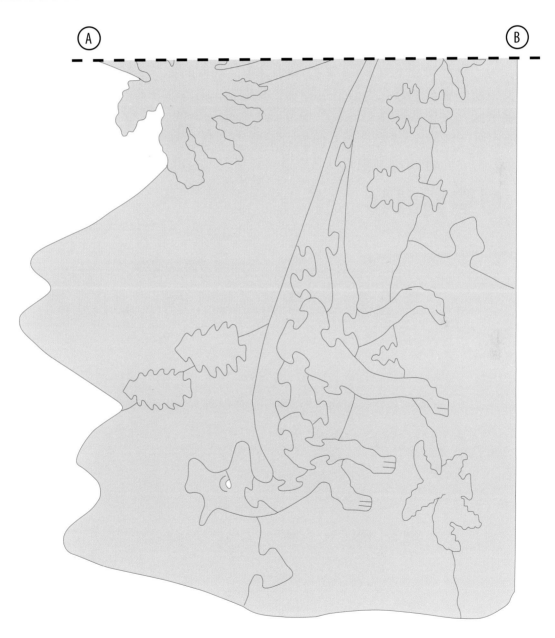

注意：放大至186%，或者放大至自己喜欢的大小。

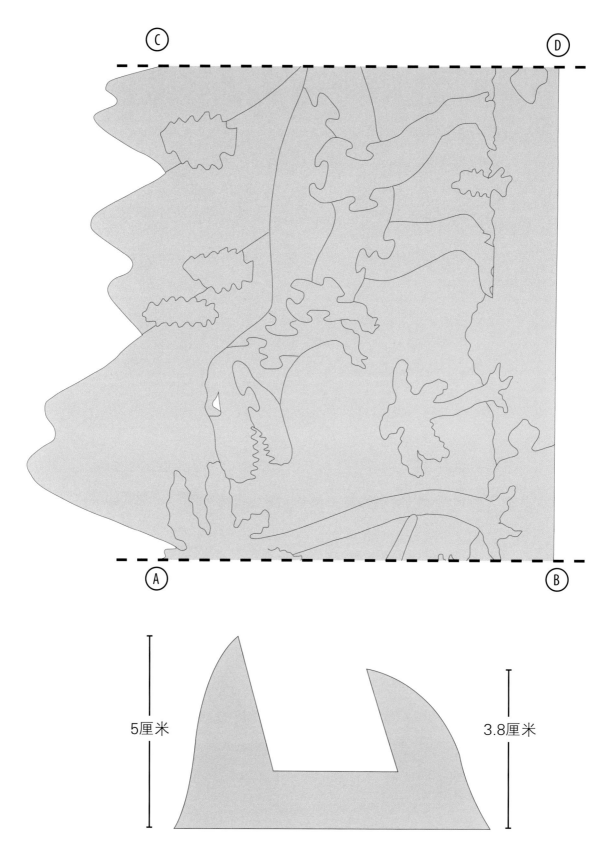

注意：拼图架内部的宽度应为拼图板厚度和背板厚度之和，还应留有一根发丝的宽度作为间隙。

给白垩纪时代拼图染色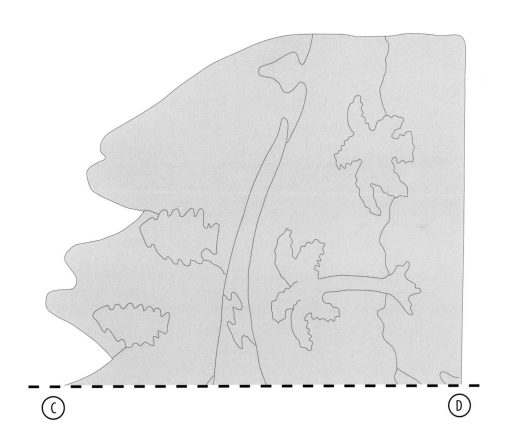

　　为该拼图上的植物染色时，我用了绿色、黄色、黑色颜料和三个塑料袋。将绿色颜料分别放入三个塑料袋内，其中一个袋子内加入黄色颜料可以调出浅绿色颜料，另一个袋子内加入黑色颜料可以调出深绿色颜料。我用深樱桃木色作为恐龙的颜色，在深樱桃木色颜料中加入黑色颜料调出地面的颜色，再加入更多的黑色颜料可以调出树干的颜色。

制作霸王龙玩具

曾经有人让我用现有的纸样设计单片式恐龙。做这个样品时，我用蓝笔在已有的纸样上标记切割细节，以表示每种恐龙的重要特征。但是，玩具纸样都包含在书中的玩具部分，都没有榫头，所以不会引起迷惑。

我用胡桃木来做霸王龙。选好制作玩具的木板后，就要裁剪纸样，然后用喷雾黏合剂把纸样粘到木板上。如果制作拼图所选的木材为樱桃木、枫木和桦木等，就要用5.1厘米宽的透明胶带（没有聚酯薄膜）把纸样粘到木板上。胶带可以起到润滑锯片的作用，并且最大限度地避免燃烧。

材料和工具

- 胡桃木板
- 喷雾黏合剂
- 塑料袋：约4.6升容量，可再密封
- 纸巾
- 橡胶手套
- 背部可粘的砂纸盘：粒度为220
- 胶带：5.1厘米宽的透明胶带

- 钢丝锯
- 锯条：5号、7号、9号（平面或交替齿）
- 吹尘机
- 角尺
- 盘式摩擦片
- 翼片砂光机

霸王龙：切割玩具、制作完成

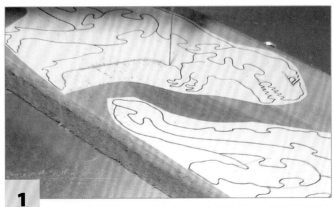

1 **切割到头顶**。最容易开始的位置是前面的后腿的脚趾，接着切割到头顶，然后停止。

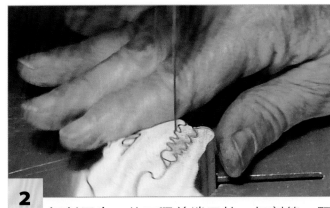

2 **切割牙齿**。从下颚前端开始，切割第一颗牙齿的尖端，再转向第一颗牙齿下端，再转向下一颗牙齿的尖端。按照这个步骤将所有牙齿切割完毕，然后停止切割。

3 **切割眼部**。用锯切出开口，然后按照纸样上的线条切割完成后，退出锯条。

细节的切割 🐾🐾

　　如果觉得细节的切割会损坏玩具，可以省略或者只切割一部分。

霸王龙：切割玩具、制作完成

4 **轮廓切割完成**。切割背部，然后切割尾部和后腿。切割到后腿时，要切割出细节线条以显示出臀部。

5 **切割后腿处的细节**。请注意我切割得比蓝线标示的要更长，因为这样看起来更美观。

6 **玩具制作完成**。利用盘式摩擦片打磨外部表面，用翼片砂光机修整所有边角，除去尖边，完成。

玩具

霸王龙

幼年霸王龙

幼年雷龙

幼年剑龙

蛇颈龙

鼠龙

雷龙

剑龙

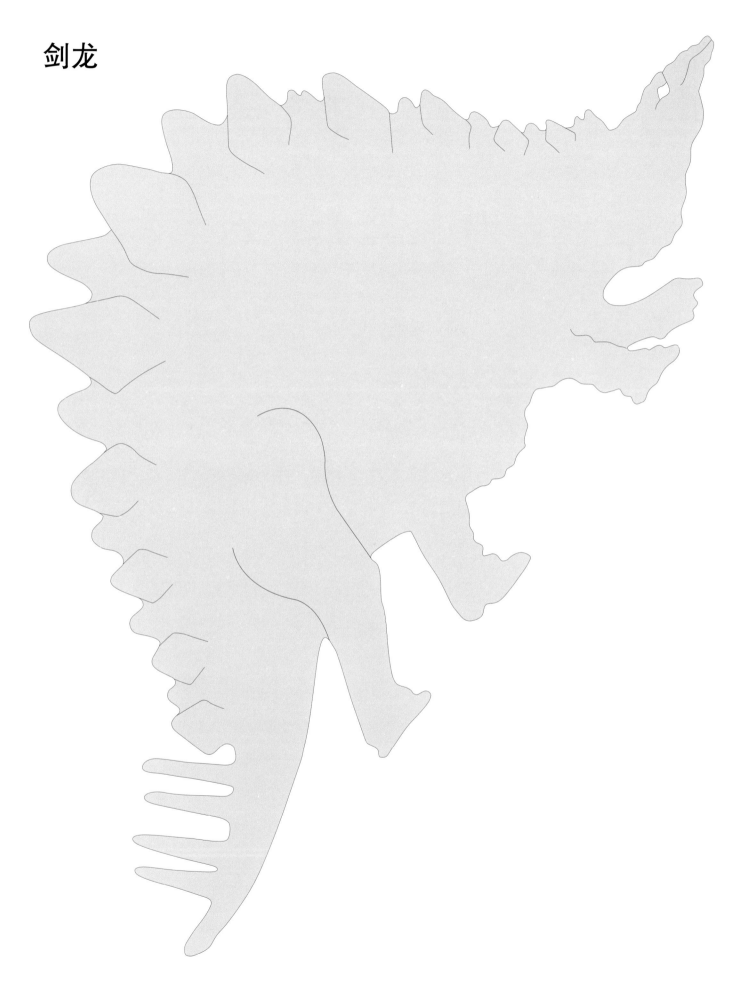

异龙

甲龙

安祖龙

重龙

腕龙

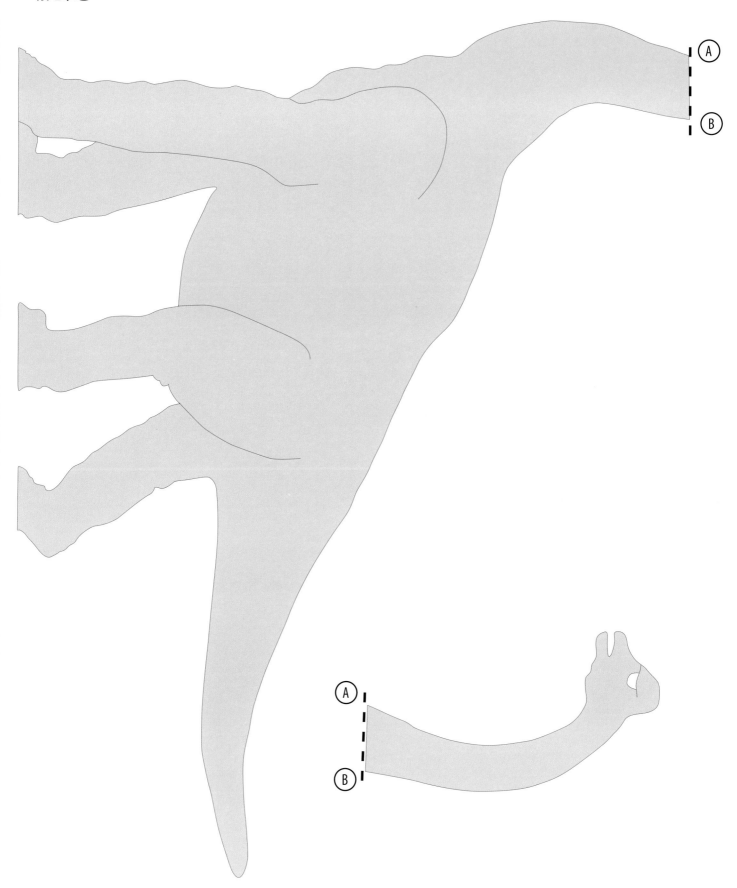

冠龙

冰脊龙

薄板龙

鱼龙

禽龙

赖氏龙

微角龙

独角龙

副栉龙

原角龙

风神翼龙

腿龙

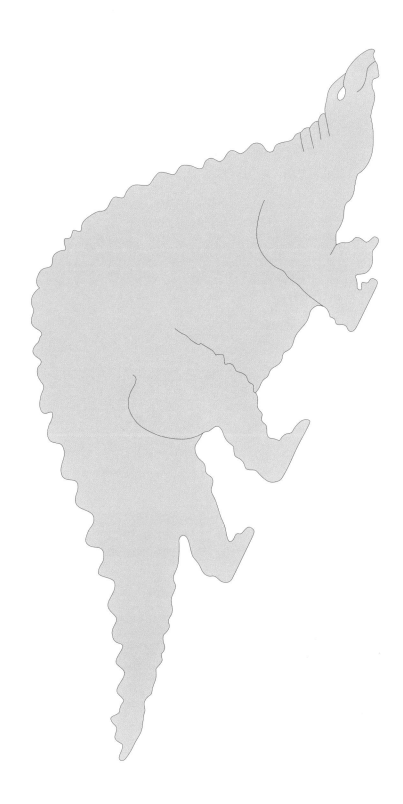

棘龙

镰刀龙

三角龙

伶盗龙

备案号：豫著许可备字-2017-A-0255

图书在版编目（CIP）数据

木工DIY玩具：恐龙拼图益智玩具/（美）朱蒂·彼得森，（美）大卫·彼得森著；张瑞华译. —郑州：河南科学技术出版社，2019.9
ISBN 978-7-5349-9494-4

Ⅰ.①木… Ⅱ.①朱… ②大… ③张… Ⅲ.①木制品—玩具—制作 Ⅳ.①TS958.4

中国版本图书馆CIP数据核字（2019）第168782号

出版发行：河南科学技术出版社
地址：郑州市郑东新区祥盛街27号 邮编：450016
电话：（0371）65737028 65788613
网址：www.hnstp.cn
策划编辑：刘 欣
责任编辑：葛鹏程
责任校对：王晓红
封面设计：张 伟
责任印制：张艳芳
印 刷：北京盛通印刷股份有限公司
经 销：全国新华书店
开 本：889 mm×1194 mm 1/16 印张：7.5 字数：100千字
版 次：2019年9月第1版 2019年9月第1次印刷
定 价：49.00元

如发现印、装质量问题，影响阅读，请与出版社联系并调换。